Bibliografische Information der Deutschen Nationalbibliothek:

Die Deutsche Bibliothek verzeichnet diese Publikation in der Deutschen National-
bibliografie; detaillierte bibliografische Daten sind im Internet über http://dnb.d-
nb.de/ abrufbar.

Impressum:

Copyright © 2018 GRIN Verlag
Druck und Bindung: Books on Demand GmbH, Norderstedt Germany
ISBN: 9783668908055

Dieses Buch bei GRIN:

https://www.grin.com/document/460667

Monique Schulz

Die Blüte der Angiospermen, Bestäubung und Befruchtung

Didaktische Überlegungen zur Integration dieser Thematik in den Biologieunterricht der Sekundarstufe I

GRIN Verlag

Universität Bielefeld

Fakultät für Biologie, Biologiedidaktik

Seminar: Organismische Biologie: Schulgartenbiologie

Semester: SS 2017

Die Blüte der Angiospermen, Bestäubung und Befruchtung

Didaktische Überlegungen zur Integration dieser Thematik in den Biologieunterricht der Sekundarstufe I

vorgelegt von:

Monique Schulz

Inhaltsverzeichnis

1. Einleitung

Die vorliegende Ausarbeitung behandelt die Blüte der Angiospermen und führt didaktische Überlegungen zur Integration dieser Thematik in den Biologieunterricht der Sekundartstufe I an.

In Deutschland kann jedes Jahr ab Frühjahr die Blütenbildung der Angiospermen beobachtet und wahrgenommen werden. Dass die Blüte ein besonderes Merkmal der Angiospermen darstellt, ist vielen Menschen allerdings nicht bekannt. Die Blüte ist entscheidend für die Fortpflanzung und Entwicklung einer Pflanzenart und dient zudem als Nahrungsquelle für verschiedene Insekten.

Die Fortpflanzung der Angiospermen beginnt mit der Entwicklung der männlichen Gametophyten in den Mikrosporangien, die letztendlich die Narbe einer weiblichen Blüte bestäuben. Durch die Bildung eines Pollenschlauchs können die beiden Spermazellen in den Fruchtknoten eindringen und zum einen mit der Eizelle und zum anderen mit den beiden Polkernen verschmelzen. Dieser Form der Befruchtung wird doppelte Befruchtung genannt, da sowohl eine Zygote (2n) als auch ein triploider Endospermkern (3n) entstehen.

Nach der Befruchtung entwickelt sich die Zygote zu einem Embryo und die gesamte Samenanlage zu einem Samen, welcher i.d.R. von einer Frucht umgeben ist. Die Frucht entwickelt sich aus dem Fruchtknoten und dem Fruchtblatt.

In der vorliegenden Arbeit erfolgt zunächst eine fachwissenschaftliche Bearbeitung der Thematiken, die für diese Ausarbeitung relevant sind. Ziel ist es, den Aufbau der Blüte, die Bestäubung und die Befruchtung und die Entwicklung der weiblichen und männlichen Gametophyten darzulegen.

Anschließend erfolgt eine didaktische Überlegung zur Integration der oben beschriebenen Thematiken in den Biologieunterricht der Sekundarstufe I. Diese Überlegungen werden mit Hilfe selbsterstellten Beispielmaterials unterstützt.

2. Angiospermen

Die Samenpflanzen werden in zwei Klassen unterteilt: Gymnospermen (auch nacktsamige Pflanzen) und Angiospermen (auch Bedecktsamer). Gymnospermen fasst die vier Abteilungen Coniferophyta, Cycadophyta, Ginkgophyta und Gnetophyta zusammen (vgl. Raven et al. 2006). Von den (meisten) Gymnospermen unterscheiden sich die Angiospermen durch ihre Blüten- und Fruchtbildung, der doppelten Befruchtung und „einem Generationswechsel mit äußerst reduzierter gametophytischer Phase" (ebd.).

Die Angiospermen umfassen zwischen 300.000 und 450.000 Arten. Die meisten Arten leben autotroph. Parasitische und mykotrophe Formen sind aber ebenfalls bekannt. Nicht nur die Lebensformen der Angiospermen, sondern auch die vegetativen Ausprägungen dieser, stellen sich vielfältig dar. Die meisten Arten der Angiospermen können den zwei großen Gruppen der Monokotyledonen und Eudikotyledonen zugeordnet werden. Diese beiden Gruppen unterscheiden sich in verschiedenen Merkmalen (vgl. Abb. 1) (vgl. Raven et al. 2006).

Merkmal	Eudicotyle Pflanzen	Monocotyle Pflanzen
Blütenorgane	überwiegend vier oder fünfzählig	überwiegend dreizählig
Pollen	im Wesentlichen tricolpat (mit drei Poren oder Falten)	im Wesentlichen monocolpat (nur eine Pore oder Falte)
Keimblätter	zwei	eins
Blattnervatur	gewöhnlich netz- oder fiedernervig	gewöhnlich parallelnervig
primäre Leitbündelanordnung in der Sprossachse	ringförmig	zerstreut
echtes sekundäres Dickenwachstum, vom Cambium ausgehend	normalerweise vorhanden	fehlt

Abbildung 1: Unterschiede zwischen Monokotyledonen und Eudikotyledonen (Quelle: Raven et al. 2006).

Da alle bedecktsamigen Pflanzen eine Blüte besitzen, die sich von denen der Gymnospermen (wenn sie überhaupt eine besitzen) maßgeblich unterscheidet, wird im Folgenden die Blüte der Angiospermen genauer betrachtet und der Aufbau sowie die Funktion der einzelnen Bestandteile beschrieben.

3. Die Blüte

Definitorisch bedeutet der Begriff Blüte „Spross mit begrenztem Wachstum, der Sporophylle trägt und damit der sexuellen Fortpflanzung dient" (www.medizinalpflanzen.de). Da die Blüten der Angiospermen in ihrer Grundform zwittrig sind, sitzen hier die Makrosporophylle (Fruchtblatt) und Mikrosporophylle (Staubblatt). Sowohl das Fruchtblatt, als auch das Staubblatt, sind von weiteren Blättern umhüllt (vgl. Knoll 1984).

Die Blätter und auch die anderen Bestandteile der bedecktsamigen Blüten werden im Folgenden beschrieben. Um diese Beschreibung optisch zu unterstützen, wurde eine Abbildung einer Kirschblüte (*Prunus*) beigefügt (vgl. Abb. 2).

Jede Blüte setzt sich aus schraubig oder in mehreren Wirteln angeordneten einzelnen Blütenorganen zusammen, die an einer Achse angeordnet sind (vgl. Knoll 1984).

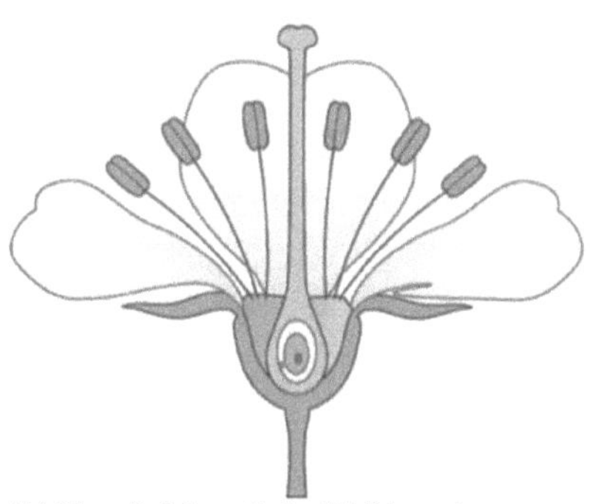

Abbildung 2: Schematische Abbildung einer Kirschblüte (Quelle: Ernst Klett Verlag GmbH 2014).

Die äußersten Blätter der Blüte sind die **Kronblätter**. Diese Blätter dienen hauptsächlich als Schau- und Lockapparat für Insekten, da sie meist auffällig gefärbt sind. Diese Färbung liegt unterschiedlichen Ursachen zu Grunde: Chymochrome Farbstoffe (im Zellsaft gelöste Farbstoffe), Plamochrome Farbstoffe (Farbstoffe in den Plastiden) oder Farbstoffe, die in der Zellwand eingelagert sind (vgl. Weberling 1981). Alle Kronblätter zusammen bilden die **Krone** der Blüte (vgl. Braune et al. 2009).

Die **Kelchblätter** der Blüte sind i.d.R. grün, allerdings findet hier kaum Photosynthese statt, da die Blüte auf diese Nährstoffe nicht angewiesen ist. Die primäre Funktion dieser Blätter ist der Schutz der inneren Blütenorgane im präfloralen Zustand (meist zusammen mit den Kronblättern). Weitere Funktionen können die lebhafte Färbung oder das Tragen von Nektarien sein. Die jungen Kelchblätter wachsen meist zueinander, sodass sie sich an den Rändern berühren. Anschließend erfolgt die kongenitale Verwachsung durch kutikuläre Verklebungen, Verzahnungen der Epidermen oder Ausbildung von Haaren. Die Gesamtheit aller Kelch- und Kronenblätter wird **Perianth** bezeichnet. Alle Kelchblätter zusammen werden als **Kelch** bezeichnet (vgl. Weberling 1981).

Weiter innen folgen die **Staubblätter**. Ein Staubblatt besteht aus einem **Filament** und einer **Anthere**. Die Anthere ist in zwei **Theken** gegliedert, welche durch das **Konnektiv** verbunden sind. Jede Theka besitzt zwei **Mikrosporangien** (Pollensäcke). In diesen bilden sich aus den Mikrosporenmutterzellen durch Meiose die haploiden Mikrosporen. Diese Mikrosporen entwickeln sich zu **Pollenkörnern**, welche durch das Öffnen der Mikrosporangien entlassen werden (vgl. Braune et al. 2009).

Das **Fruchtblatt** gliedert sich in **Fruchtknoten**, **Griffel** und **Narbe**. Der Griffel und die Narbe werden zusammen auch als **Stempel** bezeichnet, dessen geschwollene Basis der Fruchtknoten ist. Der Fruchtknoten enthält die Samenanlage und die Eizelle und wird je nach Stellung im

Verhältnis zu Kelch-, Kron- und Staubblätter als ober- oder unterständig bezeichnet (vgl. Braune et al. 2009).

Auf dem **Blütenboden** sind die Kelch-, Kron-, Staub-, und Fruchtblätter angeordnet. Zudem kann hier der Nektar sitzen, welche von Nektarien an der Innenseite des Bodens abgeschieden wird. Hier dient der Nektar vor allem den Bienen als Nahrungsmittel. Jedoch kann sich Nektar auch an anderen Stellen der bedecktsamigen Pflanzen befinden, z.B. an der Basis von Laubblättern (vgl. Knoll 1984).

Wie schon beschrieben, ist die Grundform der Angiospermenblüte zwittrig. Jedoch bilden viele Angiospermen Blüten, die entweder Staubblätter oder Fruchtblätter besitzen bzw. welche in denen nur noch das eine oder das andere eine Funktion besitzt. In diesen Fällen handelt es sich dann um eine eingeschlechtliche Blüte. Je nachdem ob eine Pflanze weibliche und männliche Blüten trägt oder nur männliche oder weibliche, bezeichnet man die Pflanze als monözisch oder diözisch. Bei monözischen Pflanzen muss man jedoch beachten, dass die Pflanzen eigentlich zwittrig sind und lediglich die einzelnen Blüten als monözisch bezeichnet werden können. Ein Beispiel für eine monözische Pflanze wären die Haseln (*Corylus)*, für eine diözische Pflanze die Weiden (*Salix)* (vgl. Weberling 1981).

Im vorherigen wurden alle Blütenorgane beschrieben, die bei den Blüten von Angiospermen vorgefunden werden können. Jedoch müssen diese Blüten nicht alle Blütenorgane besitzen. Man unterscheidet demnach zwischen vollständigen und unvollständigen Blüten. Demnach wäre eine Blüte, die nur Staubblätter bzw. Fruchtblätter besitzt eine unvollständige Blüte (vgl. Braune et al. 2009).

4. Bestäubung

An dieser Stelle wird die Entwicklung der männlichen Gametophyten im Pollenkorn detaillierter beschrieben und anschließend die Bestäubung und deren Formen dargestellt.

4.1. Entwicklung der männlichen Gametophyten

Alle Mikrosporangien enthalten Mikrosporocyten (Pollenmutterzellen), die diploid vorliegen. Jede dieser Mikrosporocyten teilt sich meiotisch, sodass vier haploide Mikrosporen entstehen (Mikrosprogenese). Nach der Mikrosporogenese beginnt die Mikrogametogenese, bei der sich die haploiden Mikrosporen zum dreizelligen Mikrogametophyten entwickeln. Zuerst teilt sich die Mikrospore mitotisch und zwei unterschiedlich große Tochterzellen entstehen: eine generative und eine vegetative Zelle. Die generative Zelle liegt vorerst der Mikrosporenwand an, während der Reifung des männlichen Gametophyten löst sich diese jedoch und tritt in das

Cytoplasma der vegetativen Zelle ein. Da ein zweizelliges Pollenkorn vorliegt, bezeichnet man dieses als unreifen Mikrogametophyten. Den Abschluss der Entwicklung von männlichen Gametophyten stellt die mitotische Teilung der generativen Zelle in zwei Spermazellen dar. Diese Spermazellen vollziehen die spätere Befruchtung. Nach dieser Teilung liegt ein dreizelliges Pollenkorn, also der Mikrogametophyt vor. Nach dem Öffnen der Mikrosporangien können Pollenkörner auf die Narbe einer weiblichen Blüte übertragen werden (vgl. Braune et al. 2009; Campbell und Reece 2016; Raven et al. 2006).

4.2. Formen der Bestäubung

Unter Bestäubung wird bei den Angiospermen die Übertragung der Pollenkörner auf die Narbe einer weiblichen Blüte verstanden (vgl. www.spektrum.de). Wenn ein Pollenkorn eine Narbe berührt, nimmt es Wasser der Narbenoberfläche auf und beginnt zu quellen. Angeregt dadurch beginnt der Pollenschlauch zu wachsen. Dieses gekeimte Pollenkorn wird als reifer, männlicher Gametophyt bezeichnet (vgl. Raven et al. 2006)

Die Bestäubung kann durch Selbst- oder Fremdbestäubung erfolgen. Bei der Selbstbestäubung (Autogamie) wird zwischen den zwittrigen und eingeschlechtlichen Blüten unterschieden. Bei den Zwitterblüten ist es möglich, dass die Narbe einer Blüte mit den Pollen aus den Antheren derselben bestäubt werden kann. Bei den eingeschlechtlichen Blüten werden die Narben von dem Pollen anderer Blüten derselben Pflanze bestäubt. Die Selbstbestäubung hat zum Vorteil, dass Einzelpflanzen zeitnah große Populationen aufbauen können, die jedoch eine geringe Variationen aufweisen. Die Autogamie dient meist dort als Bestäubungsform, wo aufgrund ungeeigneter Klimabedingungen keine Fremdbestäubung stattfinden kann (vgl. Weberling 1981).

Die Fremdbestäubung bezeichnet die Bestäubung einer Narbe mit dem Pollen einer anderen Pflanze. Dies wird durch Wind, Wasser oder Tiere herbeigeführt. Zudem begünstigen die Selbstinkompatibilität, Dichogamie und Herkogamie diese Bestäubungsform (und verringern bzw. verhindern eine Selbstbestäubung). Durch Selbstinkompatibilität wird die Pollenkeimung und der Pollenschlauchwachstum gehemmt, wenn der Pollen mit einer Narbe der gleichen Pflanze in Berührung kommt. Die Dichogamie bezeichnet die zeitlich verschobene Reifung von Antheren und der Narbe eine Blüte. Je nachdem ob die Antheren oder die Narbe zuerst reifen, wird zwischen Protogynie (Vorweiblichkeit) und Proterandrie (Vormännlichkeit) unterschieden. Eine letzte Begünstigung stellt die räumliche Trennung von Staubblättern und Narbe dar, welche als Herkogamie bezeichnet wird (vgl. ebd.).

5. Befruchtung

An dieser Stelle wird die Entwicklung der weiblichen Gametophyten beschrieben und anschließend die Befruchtung dargestellt.

5.1. Entwicklung der weiblichen Gametopyhten

Die Entwicklung des Megagametopyhten oder Embryosacks differenziert sich in die Megasporogenese und Megagametogenese. Die Megasporogenese bezeichnet die Bildung von Megasporen im Megasporangium, die Megagametogenese hingegen die Entwicklung der Megasporen zum Megagametophyten (vgl. Raven et al. 2006).

Das Megasporangium sitzt im Fruchtnoten des Fruchtblatts und ist von zwei Integumenten umgeben. Eine kleine Öffnung, welche als Mikropyle bezeichnet wird, bleibt zwischen den beiden Integumenten bestehen. Die Entwicklung des weiblichen Gametophyten beginnt mit der Vergrößerung einer Zelle im Megasporangium jeder Samenanlage. Diese Zelle wird als Megasporocyte bezeichnet. Die Megasporocyte teilt sich meiotisch in vier haploide Megasporen. Die Megasporogenese ist danach beendet. Von den vier gebildeten haploiden Megasporen verkümmern i.d.R. drei. Die übergebliebene Megaspore entwickelt sich durch drei aufeinanderfolgenden Mitosen zu einer achtkernigen Zelle. Dieses achtkernige, allerdings nur siebenzellige Gebilde ist der reife, weibliche Gametophyt oder Embryosack (vgl. Abb. 3). Die Funktionen der einzelnen Zellen werden im folgenden Unterkapitel detaillierter erläutert.

Nach dieser Beschreibung besteht die Samenanlage abschließend aus dem Embryosack und den zwei umhüllenden Integumenten (vgl. Campbell und Reece 2016; Raven et al. 2006). Bekannt sind auch andere Verläufe der Embryonalsackentwicklung, die an dieser Stelle allerdings nicht beachtet werden, da sie kein Nutzen für diese Ausarbeitung darstellen.

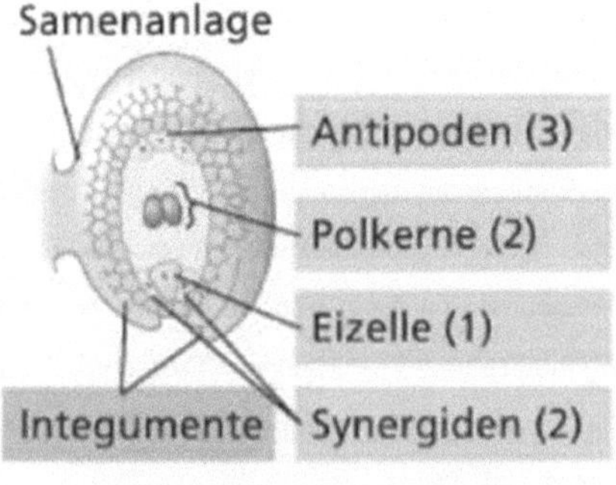

Abbildung 3: Schematische Darstellung eines reifen Embryosacks (Quelle: Campbell und Reece 2016).

5.2. Befruchtung

Nach der Bestäubung und Keimung des Pollenkorns auf der Narbe, wächst der Pollenschlauch durch die Narbe und den Griffel weiter Richtung Fruchtknoten. Der Pollenschlauch wir durch chemische Stoffe, ausgehend von den beiden Synergiden, angelockt, bis dieser letztendlich durch die Mikropyle in eine der beiden Synergiden eindringt und beide Spermazellen und die vegetative Zelle hier entlassen werden. Einer der beiden Spermakerne dringt in die Eizelle ein und Ei- und Spermakern verschmelzen zu einer Zygote. Der andere Spermakern wandert Richtung Polkerne und verschmilzt mit diesen zu einem triploiden Endospermkern. Anders als bei den Gymnospermen, sind beide Spermakerne funktionsfähig und verschmelzen mit unterschiedlichen Zellen bzw. Kernen. Aus diesem Grund wird die gesamte Befruchtung als doppelte Befruchtung bezeichnet (vgl. Campbell und Reece 2016; Raven et al. 2006).

Nach der doppelten Befruchtung entwickelt sich aus der Zygote der Embryo und das Endosperm baut sich auf. Zudem differenzieren sich die Integumente zur Samenschale und die Samenanlage wird zum Samen. Die Fruchtblätter und der Fruchtknoten entwickeln sich zur Frucht, die den Samen umhüllt (vgl. Braune et al 2009).

6. Didaktische Überlegungen

Im Folgenden werden didaktische Überlegungen zur Integration der Thematik Blüte in den Biologieunterricht angestellt. Diese beziehen sich ausschließlich auf die Kernlehrpläne des Ministeriums für Schule und Weiterbildung des Landes NRW für das Gymnasien im Fach Biologie.

Bei der Betrachtung des Kernlernplans der Sekundarstufe II fällt auf, dass die Thematik Blüte in keinem der Inhaltsfelder Berücksichtigung erfährt. Die inhaltliche Auseinandersetzung mit den einzelnen Inhaltsfeldern ermöglicht es, Überlegungen über die mögliche Integration dieser Thematik anzuführen. Die Thematik Blüte könnte durchaus im Inhaltsfeld „Evolution" aufgegriffen werden. Hierbei kann die evolutionäre Veränderung zwischen Gymnospermen und Angiospermen und die Blüte als besonderes Merkmal der Angiospermen erarbeitet werden. Da die Thematiken jedoch in der Sekundarstufe II inhaltlich meist fest vorgegeben sind und nur wenig Zeit für die einzelnen Inhaltsfelder zur Verfügung steht, muss man diese Überlegungen eher als mögliche Ergänzung zum Regelunterricht sehen (z.B. zur Vertiefung, Klausuraufgaben) (vgl. Ministerium für Schule und Weiterbildung 2014).

In dem Kernlehrplan der Sekundarstufe I wird der Begriff „Blüte", aber auch andere Begriffe, die inhaltliche zu dieser Thematik zugehörig sind, explizit erwähnt. Bei detaillierterer Betrachtung der Inhaltsfelder und fachlichen Kontexten innerhalb des Kernlehrplans wird deutlich, dass diese Thematik vor allem in den Jahrgangsstufen 5/6 angesiedelt ist. Durch das Inhaltsfeld „Vielfalt von Lebewesen" wird den Schülerinnen und Schülern ein grundlegendes Wissen über Samen- und Blütenpflanzen vermittelt (Aufbau Blütenpflanzen, Fortpflanzung und Entwicklung von Samenpflanzen). Zudem kann durch das Inhaltsfeld „Angepasstheit von Pflanzen und Tieren an die Jahreszeiten" ein thematischer Bezug zur Angepasstheit zwischen Blüten und Insekten hergestellt werden. In der Jahrgangsstufe 7/9 wird der Begriff „Blüte" nicht mehr explizit erwähnt. Auffällig ist jedoch, dass die konzeptbezogenen Kompetenzen die Thematik Samenpflanzen und Blüte ansprechen (z.B. „unterscheiden zwischen Sporen- und Samenpflanzen, Bedeckt- und Nacktsamern und kennen einige typische Vertreter dieser Gruppe"). Aus diesem Grund muss beachtet werden, dass die gesamte Thematik, also Gymno- und Angiospermen, aber auch Blüte als charakteristisches Merkmal der Angiospermen, nach den Jahrgangsstufen 5/6 nochmals thematisiert wird (vgl. Ministerium für Schule und Weiterbildung 2008).

Im Folgenden wird eine mögliche Unterrichtsreihe in der Jahrgangsstufe 5 zum Inhaltsfeld „Vielfalt von Lebewesen" eigenständig konzipiert (vgl. Anhang, Tab. 1). Hierbei wird sich auf die inhaltlichen Schwerpunkte „Bauplan der Blütenpflanzen" und „Entwicklung und Verbreitung bei Samenpflanzen" konzentriert.

Da die Schülerinnen und Schüler der fünften Jahrgangsstufe noch keine bzw. nur wenige Vorerfahrungen zu Samen- und Blütenpflanzen haben, wird sich in den ersten Stunden mit den Aufbau einer Blütenpflanze beschäftigt. Hierbei werden alle Bestandteile der Pflanze betrachtet und abschließend eine inhaltliche Schwerpunktsetzung auf die Blüte gesetzt. Die Blüte wird in der nächsten Stunde genauer betrachtet, damit die Schülerinnen und Schüler die einzelnen Bestandteile dieser und deren Funktion kennenlernen. Ein beispielhafter Unterrichtsentwurf für diese Stunde und die dazugehörigen Arbeitsblattentwürfe sind im Anhang beigefügt

Wenn dieses grundlegende Wissen vermittelt wurde, kann mit der Bestäubung und Befruchtung bei Bedecktsamern begonnen werden. Die Schülerinnen und Schüler sollen den Unterschied zwischen Bestäubung und Befruchtung erarbeiten und verstehen und verschiedene Formen der Bestäubung kennenlernen.

Abschließend soll die Interaktion zwischen Blüten und Insekten verdeutlicht werden. Hierfür wird ein Modell vorbereitet, mit Hilfe dessen die Schülerinnen und Schüler die Angepasstheit von Organismen an ihre Umwelt selber begreifen können.

Literaturverzeichnis

- Braune, W.; Leman, A.; Taubert, H. (2007): Pflanzenanatomisches Praktikum I. 9. Aufl. Heidelberg: Spektrum Akademischer Verlag.

- Knoll, J. (1984): Blütenbiologie. In: Unterricht Biologie 92 (1984), S. 2-13. Seelze: Friedrich.

- Markl, Jürgen [Hrsg.] (2014): Markl Biologie. Schülerband 5./6. Schuljahr. Band 1. Stuttgart: Ernst Klett Verlag GmbH.

- Raven, P. H.; Evert, R. F.; Eichhorn, S. E. (2006): Biologie der Pflanzen. 4. Aufl. Berlin: de Gruyter.

- Weberling, F. (1981): Morphologie der Blüten und der Blütenstände. Stuttgart: Ulmer.

<u>Internetquellen:</u>

- Kompaktlexion der Biologie (2001): Bestäubung. Online verfügbar unter: http://www.spektrum.de/lexikon/biologie-kompakt/bestaeubung/1438 (letzter Zugriff: 28.12.2017 um 16:09 Uhr).

- Ministerium für Schule und Weiterbildung des Landes Nordrhein-Westfalen (2014): Kernlehrplan für die Sekundarstufe II. Gymnasium/Gesamtschule in Nordrhein-Westfalen. Online verfügbar unter: https://www.schulentwicklung.nrw.de/lehrplaene/upload/klp_SII/bi/KLP_GOSt_ Biologie.pdf (letzter Zugriff am 01.01.2018 um 15:02 Uhr).

- Ministerium für Schule und Weiterbildung des Landes Nordrhein-Westfalen (2008): Kernlehrplan für das Gymnasium –Sekundarstufe I in Nordrhein-Westfalen. Online verfügbar unter: https://www.schulentwicklung.nrw.de/lehrplaene/upload/lehrplaene_download/gymnasium_g8/gym8_biologie.pdf (letzter Zugriff am 01.01.2018 um 15:10 Uhr).

- Schöpke, Thomas: Blüte. Online verfügbar unter: http://www.medizinalpflanzen.de/systematik/ergaenz/bluete.htm (letzter Zugriff: 28.12.2017 um 16:04 Uhr).

Abbildungsverzeichnis

Anhang

Tabelle 1: Mögliche Unterrichtsreihe zum Inhaltsfeld „Vielfalt von Lebewesen" mit den inhaltlichen Schwerpunkten „Bauplan der Blütenpflanzen, Fortpflanzung, Entwicklung und Verbreitung von Samenpflanzen" (Quelle: erstellt von der Verfasserin).

Stunde (60 min)	Thema der Stunde, sowie Beschreibung der Inhalte und Durchführung
1	**Aufbau der Blütenpflanzen** Die Schülerinnen und Schüler erarbeiten den Aufbau einer Blütenpflanze mit Hilfe des Buches und mitgebrachten Blütenpflanzen. Hierbei muss beachtet werden, dass die Wurzeln der Blütenpflanzen erhalten sein sollten. Sie halten ihre Ergebnisse mit Hilfe eines Arbeitsblattes fest.
2	**Blüten sehen schön aus und riechen gut! Aber was nützen sie der Blütenpflanze?** Die Schülerinnen und Schüler erarbeiten die Blüte zunächst mit Hilfe eigens mitgebrachter Blüten. Sie zeichnen das was sie sehen können. Anschließend wird mit Hilfe zweier selbsterstellten Arbeitsblättern der Aufbau der Blüte besprochen und auf die eigenen Zeichnungen Rückbezug genommen. Die Schülerinnen und Schüler sollen erklären, welche Bestandteile der Blüte bei ihren mitgebrachten Blüten fehlen. Damit leistungsstärkere Schülerinnen und Schüler gefördert werden, können sie überlegen, warum einzelne Bestandteile bei einer Blüte fehlen könnten.
3	**Bestäubung** Die Schülerinnen und Schüler erarbeiten den Begriff Bestäubung und die verschiedenen Möglichkeiten dieser (Selbst-und Fremdbestäubung). Sie werden dafür in Expertengruppe aufgeteilt, in denen sie eine Form der Bestäubung erarbeiten. Anschließend werden Gruppen gebildet, sodass mindestens ein Experte in einer Gruppe vorhanden ist und den anderen Mitgliedern „seine/ihre" Form der Bestäubung erklären kann. Alle Bestäubungsformen werden am Ende der Stunde zusammengefasst (Text) und mit Hilfe einer Zeichnung unterstützt (z.B. Biene, Wassertropfen).
4	**Befruchtung & Beziehung zwischen Blüte und Insekten** Die Schülerinnen und Schüler erarbeiten die Befruchtung bei Blütenpflanzen. Hierbei liegt der Schwerpunkt darauf, dass die Befruchtung in der Blüte stattfindet und sich nach der Befruchtung ein Samen und eine Frucht bildet. Auf die Entwicklung der männlichen und weiblichen Gametophyten sollte nur nach einer drastischen didaktischen Reduktion eingegangen werden. Anschließend sollen die Schülerinnen und Schüler mit Hilfe eines Modells selbst erfahren, dass alle Organismen Anpassungen an ihrer Umwelt vollziehen (Modell aus Unterricht Biologie).

Tabelle 2: Unterrichtsentwurf zur zweiten Unterrichtsstunde der Unterrichtsreihe (Quelle:: erstellt von Verfasserin).

LERNGRUPPE: 5	DATUM: ZEIT:	Fachbereich: Biologie	STUNDENTHEMA: Blüten sehen schön aus und riechen gut! Aber was nutzt sie der Blütenpflanze?	
PHASEN	INHALTLICHE SCHWERPUNKTE/ OPERATIONEN		SOZIAL-/ AKTIONS-FORM	MEDIEN
Hausaufgaben vorherige Stunde	Blüte mitbringen			
Einstieg	LI: „*Guten morgen.*" SuS: „Guten morgen." LI: „*Ihr solltet zu heute alle eine Blüte mitbringen. Wer eine vergessen hat, kann sich gleich von hier vorne eine holen, da ich auch noch einige mitgebracht habe.*"		Plenum	Mitgebrachte Blüten
Hinführung	LI: „*Ich möchte, dass ihr euch eure Blüte ganz genau anschaut und alles das zeichnet, was ihr sehen könnt. Es ist auch nicht schlimm, wenn ihr nicht gut zeichnen / malen könnt. Wenn ihr damit schneller fertig seid als die anderen, könnt ihr euch schon einmal überlegen, was die ganzen Bestandteile in der Blüte für eine Funktion haben.*" → SuS beginnen mit ihrer Zeichnung		EA	Mitgebrachte Blüten Stifte Blätter
Erarbeitungsphase	- Die SuS erarbeiten mittels der zwei selbsterstellten Arbeitsblätter die Bestandteile der Blüte und ihre Funktionen			Arbeitsblatt „Die Bestandteile der Blüte und ihre Bedeutungen"
			Plenum	Arbeitsblatt „Die Blüte"

	LI: *„Ihr erhaltet nun von mir ein AB, auf dem ihr die einzelnen Bestandteile der Blüten und ihre Aufgaben kennenlernt. Lies dir dieses gut durch und beschrifte die Blüte. Wenn du damit fertig bist, gibst du mir Bescheid, damit ich dir das zweite Arbeitsblatt geben kann. Auf dem zweiten Arbeitsblatt sollt ihr Begriffe den richtigen Bedeutungen zuordnen. Gibt es irgendwelche Fragen?"* → ggf. Fragen von den SuS → SuS bearbeiten die ABs did. Reserve für leistungsstarke SuS: „Welche Bestandteile fehlen bei deiner Blüte? Versuche zu erklären, was dies für die Blüte bedeutet."	EA/PA	Stifte Schere, Kleber
Ergebnissicherung	Besprechung der ABs und Rückbezug zu Blüten der SuS → deutlich machen, dass es zwittrige und eingeschlechtliche Blüten gibt und nicht jede Blüte alle Bestandteile aufweisen muss	Plenum	ABs Zeichnungen der Blüten (vom Anfang der Stunde)
Verabschiedung	LI: *„Ihr habt heute viel über die Blüte gelernt. In der nächsten Stunde beschäftigen wir uns dann mit der Bestäubung. Was das genau ist und welche Bedeutung das für die Blütenpflanze hat, werdet ihr dann alles erfahren. Ich wünsche euch noch einen schönen Tag!"*	Plenum	

V

Klasse: 5A   Name: _______________________   Datum: ___________

Arbeitsblatt: Die Bestandteile der Blüte und ihre Bedeutungen

Aufgaben: 1. Schneide die Satzanfänge und die Satzenden aus.

2. Sortiere die Bestandteile der Blüte (Satzanfänge) zu den richtigen

Bedeutungen (Satzenden).

3. Klebe die Schnipsel auf ein neues Blatt Papier auf.

… befindet sich der Pollen.

Der Fruchtkno-ten…

Der Staubfaden…

… ist der lange Teil des Stempels.

Der Nektar…

Die Narbe…

…ist eine süße Flüssigkeit am Blütenboden, von dem sich viel Insekten ernähren.

… ist die weibliche Geschlechtszelle.

…enthält die Eizellen

Die Eizelle…

…bilden eine äußere Hülle und schützen die Blüte.

…ist der obere, klebrige Teil des Stempels.

Der Griffel…

Die Kelchblätter…

Die Staubblätter…

… ist der längliche, dünne Teil der Staubblätter.

Die Kronblätter…

…locken durch ihre Farbe und Form Insekten an.

In den Staubbeuteln

… sind der männliche Teil der Blüte.

Arbeitsblatt: Die Blüte

Aufgaben: 1. Lies den Text. 
                2. Beschrifte die Blüte. 

Die Blüte

Eine Blüte hat verschiedene Blätter, die alle eine andere Funktion besitzen.

Ganz außen sitzen die **Kelchblätter**, die meistens grün gefärbt sind. Daneben liegen die **Kelchblätter**, welche meistens eine auffällige Farbe haben. Wir Menschen finden Blüten meistens wegen dieser Färbung besonders schön. Die Kelch- und Kronblätter schützen die männlichen und weiblichen Blütenorgane der Blüte.

Die männlichen Blütenorgane sind die **Staubblätter**, die aus einem Staubfaden und einem darauf sitzenden Plättchen bestehen. Hier werden die Pollenkörner gebildet, welche die weiblichen Blüten bestäuben können.

Das weibliche Blütenorgan ist das **Fruchtblatt**. Das Fruchtblatt liegt in der Mitte der Blüte und unterteilt sich in einem **Fruchtknoten** (sitzt unten in der Mitte der Blüte), einer **Narbe** und einem **Griffel**. Der Griffel verbindet die Narbe mit dem Fruchtknoten. Da die Narbe und der Griffel wie ein Stempel aussehen, bezeichnet man diese beiden Bestandteile zusammen auch so (also als Stempel). In jedem Fruchtknoten ist immer eine **Samenanlage** mit je einer **Eizelle** enthalten. Diese Eizelle wird durch die Pollenkörner nach der Bestäubung befruchtet. Nach der Befruchtung entstehen ein Samen und die umhüllende Frucht.

Alle Blätter sind auf dem **Blütenboden** angeordnet und an dieser Stelle sitzt auch der Nektar.

Die Blüten können **zwittrig** oder **eingeschlechtlich** sein. Zwittrig bedeutet, dass die Blüte ein Fruchtblatt und Staubblätter besitzt.
Wenn eine Pflanze nur männliche Blüten trägt, bezeichnet man sie als **einhäusige** Pflanze.

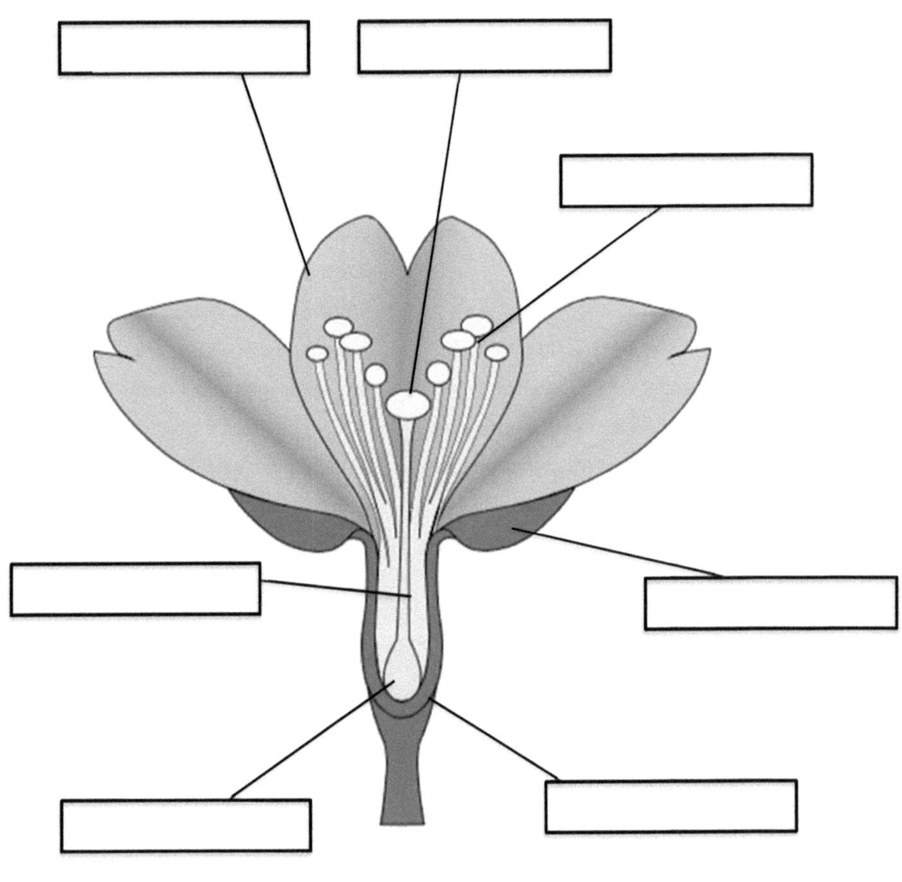